地球不能没有大袋鼠

林育真/著

山东教育出版社·济南

蹦蹦跳跳出场了！

我是大名鼎鼎的大袋鼠，要知道，我可是当今地球上体形最大的跳着走的动物，也是体形最大的有袋类动物。我们身体高大，模样有点儿像鼠类，雌兽腹部有个“育儿袋”，因此得名“大袋鼠”。

快看！虽然大袋鼠妈妈的育儿袋里装着大袋鼠宝宝，但它依然能快速地跳跃前进。

特殊的家族——有袋类动物

有袋类动物是兽类中的一个特殊家族，目前全球约有 200 多种，包括大袋鼠、袋熊、树袋熊（考拉）、袋鼯和袋獾等。有袋类动物的雌兽腹部有育儿袋。有袋类动物主要分布在澳大利亚，南美洲和北美洲也分布有少数种类。

袋熊的模样像熊，是善于挖深洞居住的草食性有袋类动物。

树袋熊又叫考拉，专门吃桉树叶为生，是生活在桉树上的珍稀有袋类动物。

我们有袋类家族的成员多种多样，有的喜欢在地面上生活，善于跳跃奔走，有的则选择树栖或在洞穴里生活；还有的能在林间滑翔飞行。不同有袋类动物分别以草类、树叶、肉类、蜜汁和昆虫等为食。

大袋鼠是擅长在地面跳跃奔走的有袋类动物。

蜜袋鼯体形比成年人的巴掌还小，喜欢舔食树木的蜜汁。它们是可以靠体侧皮膜滑翔飞行的有袋类动物。

袋獾是凶猛的肉食性有袋类动物，习惯在夜间捕食，号称“塔斯马尼亚恶魔”。

我们大袋鼠是大型有袋类动物，世世代代生活在澳大利亚及其附近的岛屿上。我们深受当地人喜爱，是国家级标志性动物。世界各地动物园展出的大袋鼠，最初都是从澳大利亚引进的。

标志性动物

代表性动物。只有某一国特有的物种，才能作为该国的标志性动物。标志性动物是兽类就被称作“国兽”，是鸟类就被称为“国鸟”。

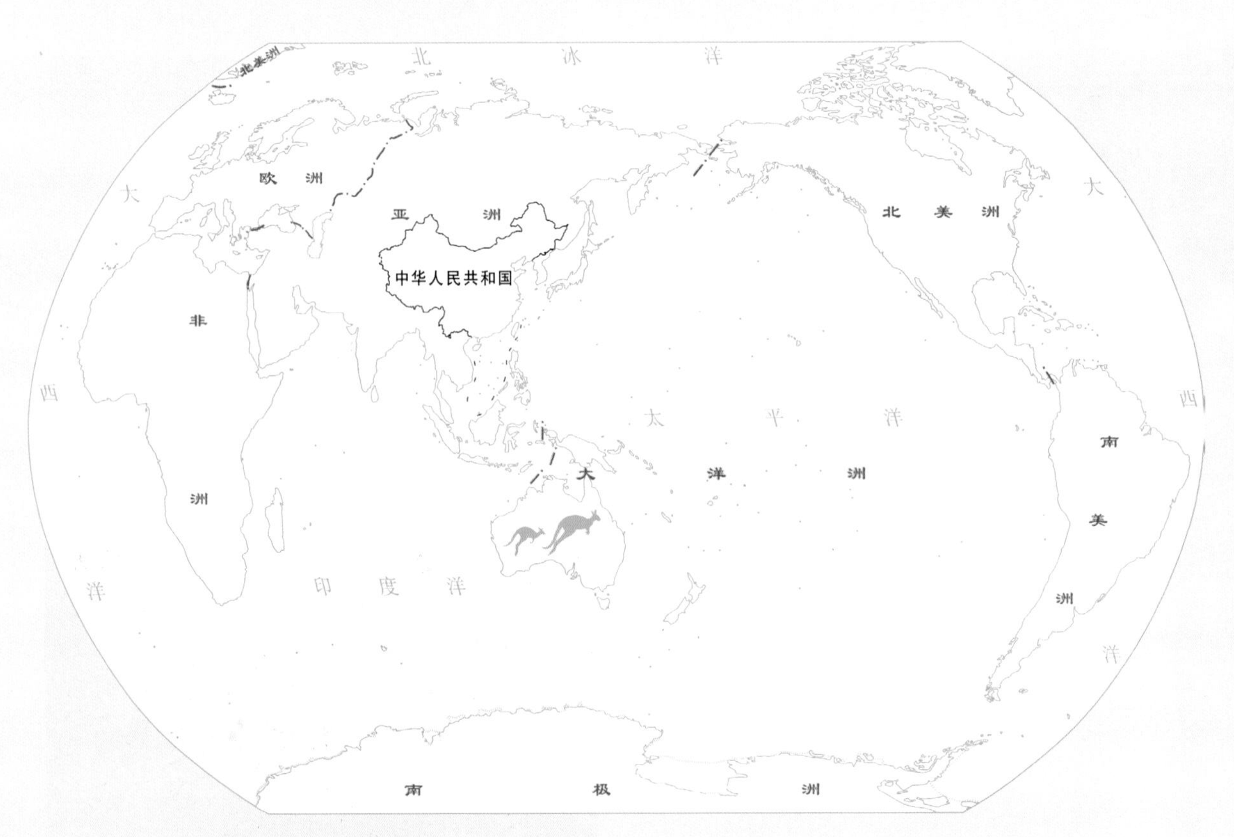

要记住哦，大袋鼠只是有袋类动物中的一个族群，野生大袋鼠全部生活在澳大利亚。

上图是澳大利亚国徽上的图案，在其中心盾牌左边的是一只大袋鼠，右边的是一只鸸鹋。由此可见，大袋鼠和鸸鹋在澳大利亚人心中有多重要。

澳大利亚“国兽”大袋鼠。

澳大利亚“国鸟”鸸鹋。

澳大利亚有两种“国鸟”，分别是鸸鹋和琴鸟。其中鸸鹋身高超过 1.5 米，体形强壮健美。其双翅退化不能飞，每只脚有 3 个脚趾，擅长奔跑，是世界第二大走禽，被誉为“澳大利亚鸵鸟”。

袋鼠家族中的大个子

大袋鼠的家族成员共 14 种，包括红大袋鼠、东部灰大袋鼠、西部灰大袋鼠和羚大袋鼠等，分布在澳大利亚的不同地区。由于生活环境不一样，它们的形态和习性也有差异。

红大袋鼠广泛分布在澳大利亚各地，栖息于灌木林地、草原和荒漠中。它们是大袋鼠家族中体形最大的，成年雄兽的站立高度约 1.50－1.80 米，体重约 90 千克。上图中雄兽体毛呈棕红色，雌兽体毛以灰蓝色为主，呈现出明显的“雌雄异色”。

东部灰大袋鼠分布在澳大利亚东部，生活在林地与灌木丛中，是较为常见的种类。它们喜欢吃树叶和杂草。其体色主要呈浅灰或褐灰色，腹部为银白色。

西部灰大袋鼠分布在澳大利亚西部和南部，主要生活在森林、灌木林地和荒草地中，偶然在牧场和邻近灌木丛的农田中也能见到它们。其毛色主要呈灰棕色或暗褐色，喉部、胸部和腹部呈乳白色，耳朵较大。

三种常见大袋鼠分布图

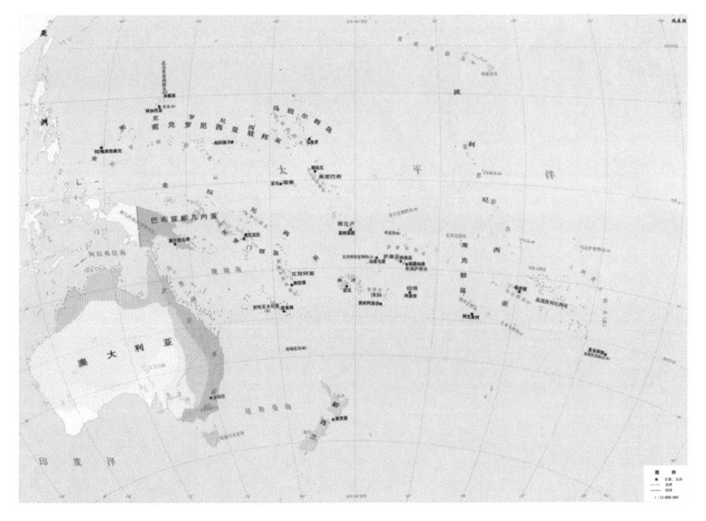

红大袋鼠　西部灰大袋鼠　东部灰大袋鼠

大袋鼠指袋鼠家族中身体较为高大的族群，请别把“大袋鼠”说成“袋鼠”。袋鼠家族除了大袋鼠外，还有树栖生活的树袋鼠和体形很小的鼠袋鼠等其他有袋类。

身体与众不同

我们最突出的特点，就是后肢长而有力，前肢短而细小。前进时，我们用两条后腿跳着走，最快时速可达 65 千米，比马跑得还快。

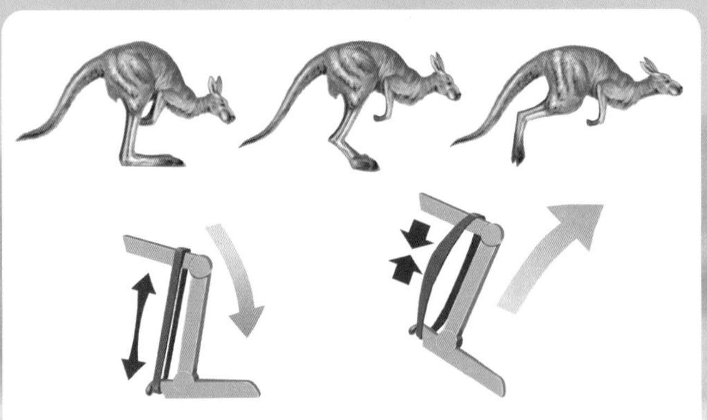

图中灰色曲棍代表我们的大腿、小腿和长脚，红色橡皮圈代表肌腱。这样的身体构造特别适于跳跃前进，肌腱通过绷紧和放松会释放能量，推动我们前进。每一跳都有能量积存，跳得越快能量反而消耗得越少。

我们的另一个突出特征，就是雌兽腹部有个“育儿袋”。这个“大口袋”由“袋骨”支撑着，“袋骨”是有袋类动物骨骼系统中特有的结构。

大袋鼠骨骼系统中特有的袋骨

各种大袋鼠育儿袋的袋口都朝前。临近生育时，准备做妈妈的雌性大袋鼠会用舌头把育儿袋里面清理得干干净净，好让幼崽待在里面又舒适又安全。

不要以为所有有袋类动物的育儿袋袋口都是朝前开的。好奇怪！袋熊妈妈的育儿袋袋口是朝后开的。

我是海马爸爸，鼓鼓的肚皮这儿，就是我的育儿囊。在我们海马家族里，由爸爸负责孵卵。嘿嘿！我一次可以孵一大批孩子呢！

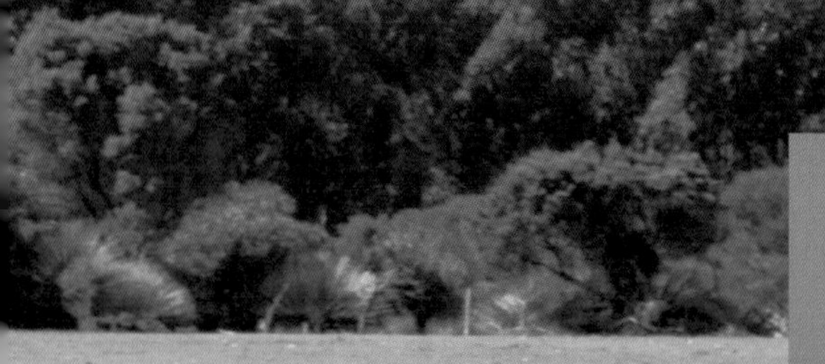

我们的大部分肌肉长在大腿和尾巴上。我们的大尾巴用途可多啦：跑动及腾跃时，是“推进器” 和平衡工具；休息时成了“座椅”；遇到敌人时，我们还能用尾巴支撑起全身，腾出后腿猛踢敌方。

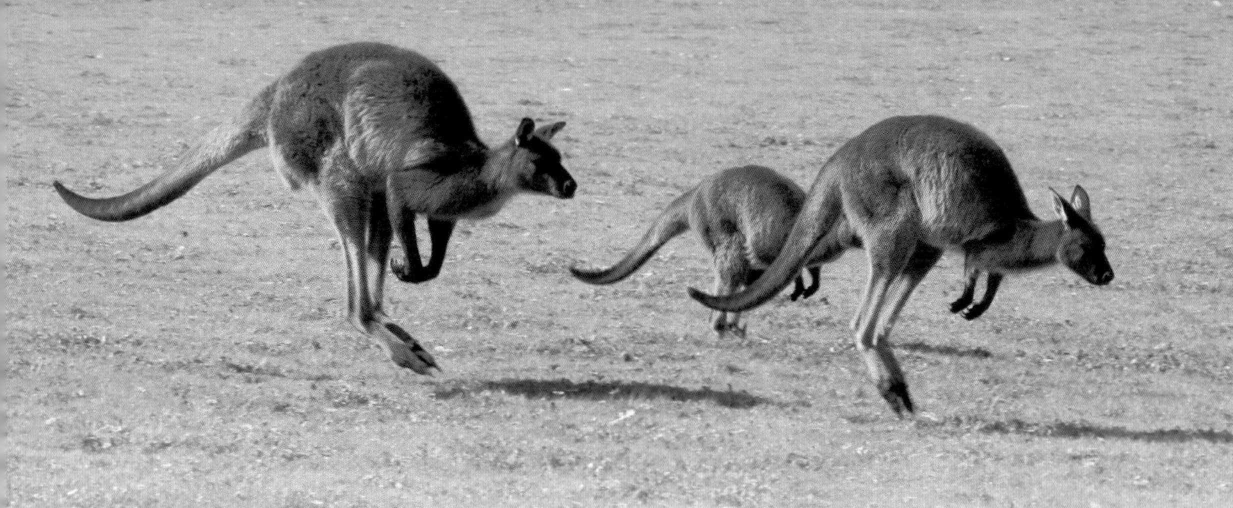

我们前进时依靠两条后腿和尾巴发力，停下时双腿和尾部三点着地。可以说，尾巴就是我们的第五肢。

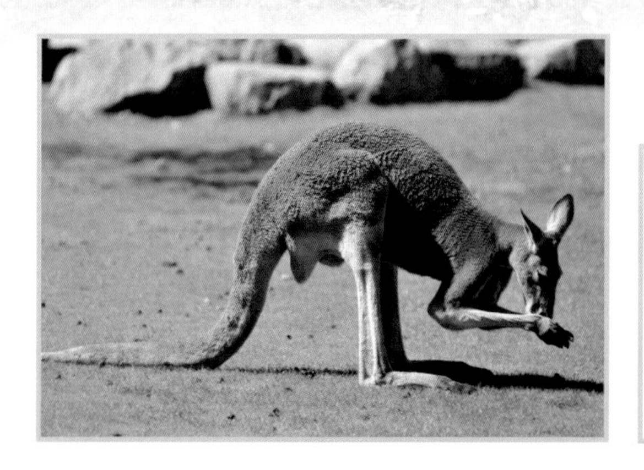

我是跳鼠。我也有长长的后腿和尾巴，所以我也擅长跳着走。

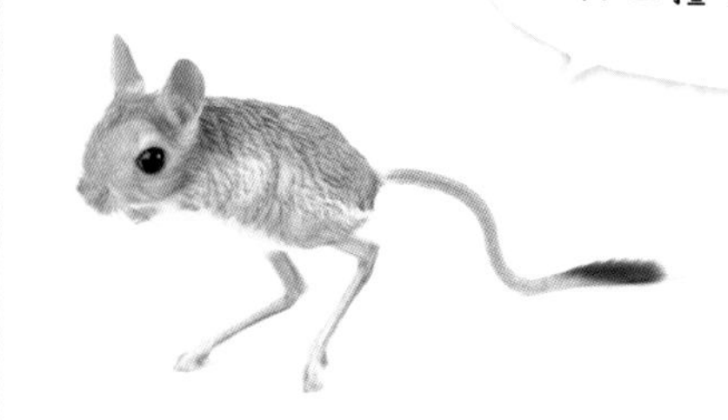

成年雄性大袋鼠之间常会进行“拳击比赛”，通过武力来争夺强者的地位，打架的激烈程度会随着战况逐步升级。

打架通常发生在年轻力壮的雄性大袋鼠之间，它们起初用手臂互相推搡或锁住对手的胳膊，意图让对手失去平衡。

到了靠大尾巴支撑在地上，抬腿猛踢对方的阶段，那就意味着打架升级啦！

有本领，有个性

在澳大利亚的原野上，我们的天敌并不多，所以我们无论单独还是成群生活时，都可以放心大胆地采食各种草类、灌木叶子和野菜等。

要是草料鲜嫩多汁，大袋鼠就不需要另外喝水了。

在炎热地方生活的兽类，通常会挖洞躲避暑热。但是，我们的身体构造不适于挖洞，所以我们只能昼伏夜出，逃避白天的炎热啦。

成群的大袋鼠在一起时声势浩大，彼此照应。大家低头吃草的时候，总有一只大袋鼠抬着头给大伙放哨。

许多人可能认为，兽类中最能耐受干旱的是骆驼。实际上，生活在草原和荒漠中的红大袋鼠，也很能耐受干旱，能在无水的条件下存活一周以上。它们的耐旱能力和骆驼不相上下。

荒漠地带干旱少雨，植物稀少。放眼望去，地上到处是沙砾，只有零星的杂草。红大袋鼠却能在此生活并生育后代。

虽然我们能够耐受干旱，但我们依然需要喝水。水对于我们族群的生长、发育和繁衍后代至关重要。

一对红大袋鼠结伴饮水。

如果栖息地因气候等原因变得草类稀疏、水源匮乏，我们就会成群转移到几千米远的草地去。

我们还是游泳健将，能横渡江河，甚至能在海里游泳。正因为这样，我们的分布区域大大扩展了。要注意哦，我们游泳时，两条后腿是像人类走路似的，一前一后拨水前进。

红大袋鼠用力一跳竟能跃过两三米高的障碍，距离可达9米多远，成为兽类中的跳高和跳远双料冠军，其他袋鼠类可没有这样大的本事。

养育宝宝要靠育儿袋

我们养育宝宝的方式和大多数兽类完全不同。怀胎雌性大袋鼠体内没有真正的胎盘，胎儿在母体内经过很短时间的发育便出生了。新生幼崽发育还不完全，育儿袋正是为了哺育这么弱小的“早产儿”而预备的。

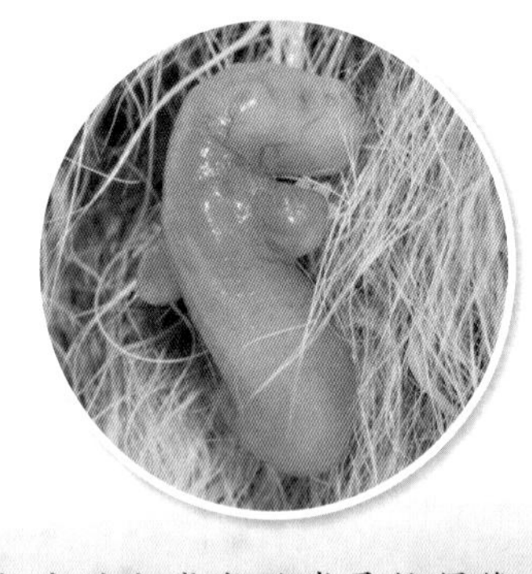

胎盘

是胎儿从母体取得营养和进行物质交换的重要器官。而有袋类动物包括大袋鼠在生育过程中，由于母兽没有真正意义上的胎盘，胎儿尚未发育成熟就会早产出生。

新生的大袋鼠幼崽柔软得像一小团橡皮泥，必须立即爬进妈妈的育儿袋才能存活。

与新生的大袋鼠幼崽形成鲜明对比的是，新生小斑马很快就能站立和跑动。上图中这只小斑马出生才4天，已经能随着斑马妈妈奔跑了！

大袋鼠妈妈的 4 个乳头都在育儿袋内。因此，育儿袋不仅是幼崽温暖、安全的藏身处，更是供养幼崽吃喝的“保险袋”。幼崽出生后的第一件事就是爬进育儿袋找到乳头。能不能顺利爬进妈妈的育儿袋，决定着大袋鼠新生幼崽的生死存亡。

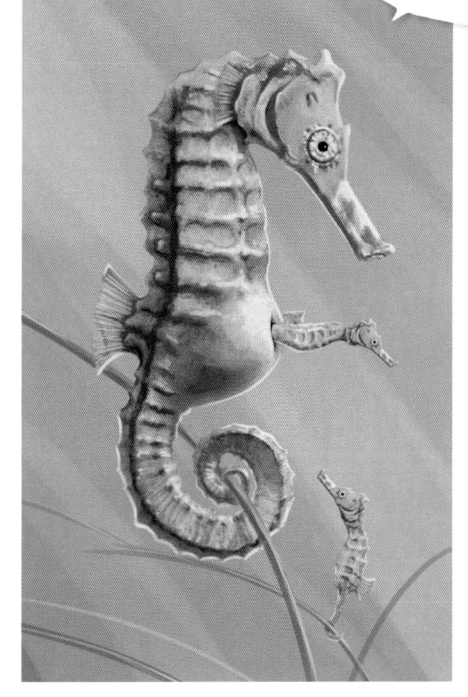

从海马爸爸育儿囊口生出的幼海马，一进入海水中马上就能四处游动，并自主寻找食物。

大袋鼠妈妈生产时采用仰卧的姿势，方便新生幼崽向育儿袋内爬行。妈妈还会用舌头舔湿腹部的毛减少阻力，帮助幼崽顺利爬入袋内。

大袋鼠的新生幼崽身体极小，只有人的小指那么大，而且多数器官发育不全，全身皮肤光裸无毛，眼睛也睁不开。好在它能凭嗅觉，用前肢慢慢爬进育儿袋，并叼住一个乳头，获取乳汁。

爬入袋内叼住乳头的幼崽，起初并无力气吮吸乳汁，多亏大袋鼠妈妈会将乳汁自动喷入幼崽嘴里。

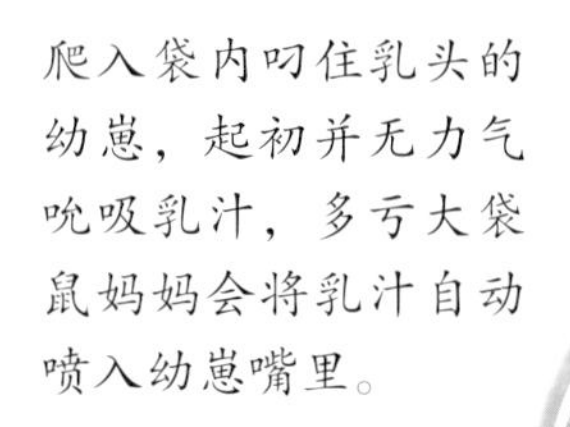

幼崽刚能睁开眼，就要伸头探脑看世界。大袋鼠妈妈会把它按回袋内，保护起来。

这只 4 个月大的大袋鼠宝宝想要尝尝妈妈育儿袋外面的新鲜食物。

幼崽吸吮着母乳，在育儿袋内生长得很快，经过 180 天左右的袋内生活，就可以短时间离开育儿袋了，不过它一旦感到有危险，又会立即跳回妈妈的“保险袋”。

上图中这只小袋鼠半岁啦，虽然它已经可以离开育儿袋吃草了，可还常常回到妈妈身边吮吸母乳解馋。

大袋鼠要经过 2—4 年的生长发育才能成年。有些雄性成年红大袋鼠身高超过 160 厘米，是比成年男子还强壮有力的大块头。

断奶以后，大袋鼠幼崽和妈妈仍然保持着亲密的关系，它们会一起休息和觅食，互相梳理毛发。大约一岁半以后，幼崽才离开妈妈完全独立生活。

繁衍更多后代，是动物的本能。大袋鼠天生具有奇妙的胚胎“滞育”性能，可连续不断地生育。刚产下幼崽的大袋鼠妈妈很快又会怀孕。有时一只大袋鼠妈妈甚至会出现三胎同在的情况：体内怀着一个胎儿，育儿袋中携带着一只吃奶的幼崽，身边还跟随着一只已经断奶离袋的幼崽。

在哺乳期或遇到干旱气候缺少食物时，怀孕的大袋鼠妈妈的胎儿能停止发育数十天甚至几个月。这种生理现象叫作“滞育”。当幼崽断奶或环境条件好转，储备在大袋鼠妈妈腹中的胎儿立即焕发生机，重新发育生长。

因为雌性大袋鼠怀胎约 39 天就产下幼崽，而哺乳期却长达 230 天，再加上“滞育”的习性，所以大袋鼠妈妈的育儿袋一年到头几乎没有空闲的时候，经常会有个幼崽生活在里面。

可怕的天敌

尽管我们高大有力，跳得又快又远，但同样会遭遇天敌的威胁。早期澳大利亚大袋鼠的天敌如袋狼、巨蜥等现今多已绝迹，不过还有澳大利亚野狗、巨蟒和楔尾雕等，能杀死和吃掉我们中体形较小的成员或幼崽。

袋狼是凶猛的肉食性有袋类动物，由于长期遭人类捕杀，加之竞争不过澳大利亚野狗，已于20世纪绝迹。

澳大利亚野狗牙齿锐利，撕咬力强，能咬死大袋鼠幼崽。它们有时集合成群猎捕成年大袋鼠、袋熊等较大的动物。澳大利亚境内本无野狗，最早出现在澳大利亚的野狗是由人类带去的。后来，它们在澳大利亚繁衍了几千年，成为那里凶猛的掠食兽。

澳大利亚巨蜥能捕食大袋鼠，也会吃腐肉。

巨蟒虽无毒牙，但它能靠肌肉的力量缠紧大袋鼠使其窒息死亡，然后将其吞食。图中的紫晶蟒是澳大利亚最大的蛇类，体长约 5.5 米，以能够捕杀大袋鼠这类大型哺乳动物而闻名世界。

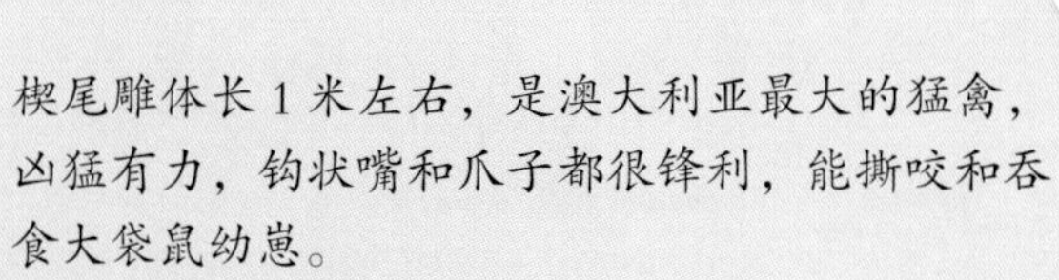

楔尾雕体长 1 米左右，是澳大利亚最大的猛禽，凶猛有力，钩状嘴和爪子都很锋利，能撕咬和吞食大袋鼠幼崽。

人类的好朋友

大袋鼠在澳大利亚受到良好的保护，和人类和谐共处。澳大利亚也因为有成群的大袋鼠，成为国际知名的生态旅游热点地区。在世界各地的动物园中，大袋鼠是游客最喜爱的观赏动物之一。

在澳大利亚的自然保护区里，大袋鼠和游客们像朋友一样友好相处。

大袋鼠适应性强，生存环境条件好，因此澳大利亚的大袋鼠数量剧增。科学家经评估后指出，对大袋鼠家族中数量过多的种类，必须采取科学的管控措施，以维护整个生态系统的平衡。同时，对数量稀少的有袋类动物加以重点保护。

在澳大利亚，随处可见警示前方有大袋鼠出没的指示牌，提醒过往司机多加注意，避免伤害大袋鼠。

很高兴认识你们！这套《地球不能没有动物》系列科普书是我专门为小朋友创作的“科”字当头的动物科普书，尽力融科学性、知识性和趣味性为一体。

读完这本书，希望你至少记住以下科学知识点：

1. 大袋鼠属于有袋类动物，共 14 种，全部产于澳大利亚。

2. 有袋类、袋鼠类和大袋鼠这三个名词有关联也有区别。

3. 大袋鼠“跳着走”的行进方式，与它们特殊的身体构造密切相关。

4. 大袋鼠繁育后代的方式十分特殊，大袋鼠妈妈的腹部有一个朝前开口的育儿袋。

保护大袋鼠我们应该知道的和应该做的：

1. 有袋类动物是特殊的兽类，大袋鼠是有袋类的代表，保护大袋鼠意义重大。

2. 到动物园、自然保护区或国家公园观赏大袋鼠，要遵守规则，尊重动物，不可捉弄惊吓动物，不乱投喂食物。

3. 学习掌握更多有关有袋类和大袋鼠的科学知识，多亲近大自然，从小培养爱护动物的意识。

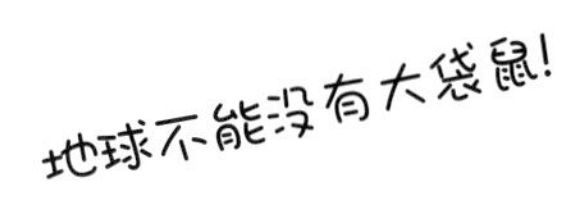

图书在版编目（CIP）数据

地球不能没有大袋鼠 / 林育真著 . —济南 ：山东教育出版社，2022
（地球不能没有动物 . 生生不息）
ISBN 978-7-5701-2212-7

Ⅰ . ①地… Ⅱ . ①林… Ⅲ . ①有袋目 – 少儿读物
Ⅳ . ① Q959.82-49

中国版本图书馆 CIP 数据核字（2022）第 124857 号

责任编辑：周易之 顾思嘉 李 国
责任校对：任军芳 刘 园
装帧设计：儿童洁 东道书艺图文设计部
内文插图：小 O 快跑

地球不能没有大袋鼠
DIQIU BU NENG MEIYOU DADAISHU
林育真 著